Peter Evers

Die wundersame Welt der Atomis

Peter Evers

Die wundersame Welt der
Atomis

10 Jahre in den Physikalischen Blättern

Autor/Zeichner:
Dipl.-Phys. Peter Evers, Konstanz

geboren 1964 in Bayreuth, Studium der
Physik in Bayreuth und Konstanz, 1991
Diplom und Veröffentlichung der ersten
Atomis. Seitdem wechselhafte Ernährung
von Frau und zwei Kindern durch seine
Tätigkeit als technischer Redakteur,
Lehrer, „Computerfritze" und Zeichner.

Die Deutsche Bibliothek – CIP-Einheitsaufnahme
Ein Titeldatensatz für diese Publikation ist bei
Der Deutschen Bibliothek erhältlich

ISBN 978-3-527-40359-2

© WILEY-VCH Verlag GmbH, Berlin 2002

Vorwort

Am Anfang war das Wort

Das angestammte Gebiet der Physik ist ja die „unbelebte" Materie. Doch tun wir ihr dabei nicht unrecht? Uns scheint klar, dass ein Stein nicht lebt, so kompliziert er auch aus den einzelnen Elementen aufgebaut sein mag. Ein Virus dagegen zählt je nach Definition durchaus schon zur lebenden Materie, obwohl er ja nur ein Haufen DNA ist. Wie ist das dann mit simulierten Lebewesen oder mit Computerviren? Kann vielleicht ein Algorithmus oder eine Formel schon leben?

Die Vorgänge in unserer Atmosphäre zum Beispiel sind sehr komplex. Sie sind miteinander verknüpft und reagieren auf äußere Einflüsse. Vielleicht ist die Atmosphäre ein riesiges Hirn und denkt, empfindet Schmerz und Freude? Vielleicht denkt auch unser Planetensystem oder das Universum? Ein Molekül oder ein Atom? Ja warum nicht: Die Quantenchromodynamik lässt ja auch selbstorganisierte Strukturen, wie die Elementarteilchen, entstehen. Ich behaupte also kühn:

DAS ATOM LEBT!

Nun hätten solche Wesen – ich werde sie im folgenden „Atomis" nennen – aufgrund ihrer grundsätzlich anders gearteten Erfahrungen auch völlig andere Gedanken als wir. Sie sehen anders aus wie wir, kommunizieren anders, haben andere Gefühle. Das stellt mich als Zeichner vor ein Problem: Wie soll ich dem Zuschauer einen Eindruck von der Empfindungswelt dieser Wesen geben, wenn sie lediglich durch unverständliche Gesten wie Emissionsspektren und Kugelflächenfunktionen offenbart wird? Es hilft nichts, ich muss ihre Welt in die unsrige übersetzen.

Ich habe also den „Atomis" Gesichtszüge und Gliedmaßen hinzugefügt und den Mikrokosmos mit kleinen und großen, lustigen und griesgrämigen, fiesen, neugierigen, gerechten, eitlen, hilfsbereiten und genervten, destruktiven und fleißigen Wesen bevölkert, die so sind wie die, die sie erforschen.

Peter Evers

SOBALD DIE ATOMIS BEOBACHTET WERDEN,
BENEHMEN SIE SICH AUF EINMAL GANZ ANDERS

DAS SCHLIMMSTE AM IONENKÄFIG
IST DIE KÄLTE UND DIE EINSAMKEIT

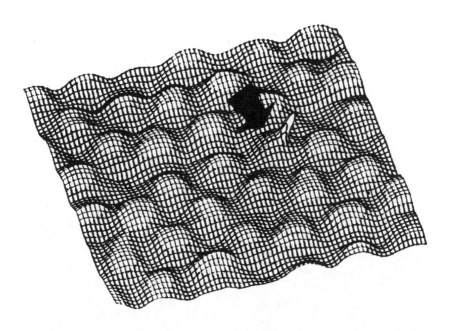

SEIT SICH ERWIN (PFEIL) DIE NASE EINMAL KRÄFTIG ANGESTOSSEN HAT,
SIND AUCH DIE ANDEREN ATOMIS VIEL VORSICHTIGER GEWORDEN

EINIGE ATOMVÖLKER BILDEN BEI IHREN FEIERLICHKEITEN LANGE
POLYMERE, WAS MEISTENS ZU EINEM ZIEMLICHEN DURCHEINANDER
FÜHRT.

AUCH DOPPELT UND DREIFACH VERBOTENE ÜBERGÄNGE
SCHRECKEN LÄNGST NICHT ALLE ATOMIS AB.

AB UND ZU MÜSSEN SICH DIE ATOMIS VON
EINEM DOKTOR AUF IHRE SUBSTRUKTUR
HIN UNTERSUCHEN LASSEN.

BEI ELEKTROMAGNETISCHEM WELLENGANG
MUSS SICH AUCH EIN ATOM BISWEILEN
UM EIN TEILCHEN ERLEICHTERN.

ATOMIS MIT UNUNTERSCHEIDBAREN HÜLLEN
FINDEN SICH GEGENSEITIG GAR NICHT ATTRAKTIV

DER GROSSE RUTHERFORD ERREGTE GROSSES AUFSEHEN,
WEIL ER NUR GANZ SELTEN TRAF.

WENN ES IHNEN ZU HEISS WIRD, VERLASSEN
DIE ATOMIS IHREN ATOMVERBUND UND DAMPFEN AB.

EINIGE ATOMIVÖLKER ZIEHEN ES VOR, NEUTRAL ZU BLEIBEN.

VOR DEM QUANTENSPRUNG SIND DIE ATOMIS
IMMER SEHR AUFGEREGT.

BISWEILEN KANN ES
ZIEMLICH LANGE DAUERN,
BIS EIN ATOMI ENDLICH
EIN TEILCHEN AUSSENDET.

IMMER UND IMMER WIEDER
MÜSSEN DIE ATOMIS IHREN RETURN ÜBEN.

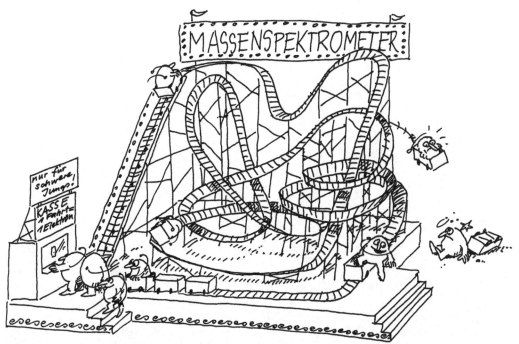

FALSCHE SELBSTEINSCHÄZUNG HAT SCHON MANCHES ATOM
AUS DER BAHN GEWORFEN.

AUCH BEI DEN ATOMIS GIBT ES MANCHMAL
FEHLBELEGUNGEN VON GITTERPLÄTZEN.

UM DAS POTENTIALGEBIRGE ZU ÜBERQUEREN,
BENUTZEN VIELE ATOMIS EINEN TUNNEL.

DIE ATOMIS TREFFEN SICH GERNE IN EINEM
FEST-KÖRPER, IN DEM SIE DANN GEMEINSAM
SCHWINGEN KÖNNEN.

AM DOPPELSPALT SCHAFFEN ES DIE ATOMIS
IMMER WIEDER, SICH UM EINE ENTSCHEIDUNG
ZU DRÜCKEN.

HINTER EINER WEICHEN SCHALE
VERBIRGT SICH EIN HARTER KERN.

RADIO-AKTIVE ATOMIS STRAHLEN IMMER.

ES SIND AUFWENDIGE APPARATUREN
NOTWENDIG, UM EIN KÜNSTLICHES ATOM!
ZU ERSCHAFFEN.

DIE PHI-TEILCHEN SIND TOTAL BEGEISTERT, WENN SIE EIN ATOM! MAL DIREKT BEOBACHTEN KÖNNEN

DIE KERNSPALTUNG IST WEGEN
IHRER GEFÄHRLICHKEIT ZU RECHT
UMSTRITTEN.

MANCHE ATOMI-LIAISON GEHT NUR
ÜBER WASSERSTOFFBRÜCKEN VONSTATTEN.

WER BEIM DREHIMPULSBALLETT MITTANZEN MÖCHTE,
MUSS SICH STRENGEN AUSWAHLREGELN UNTERWERFEN.

MANCHE ATOMIS TRAGEN
IHRE ELEKTRONEN ALS BÄNDER

SPANNUNGSGELADENE STÜCKE ÜBEN AUF ATOMIS
IMMER EINE ANZIEHUNGSKRAFT AUS.

MANCHE ATOMIS WÜRDEN NIE
OHNE KATALYSATOR EINE VERBINDUNG EINGEHEN.

MANCHE BANDSTRUKTUR
IST ZIEMLICH KOMPLIZIERT

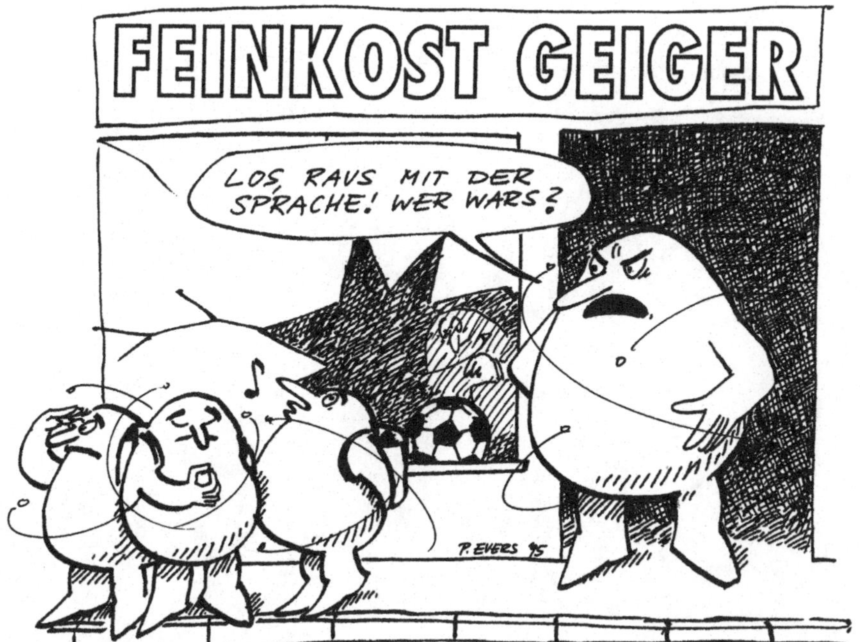
FEINKOST GEIGER
LOS, RAUS MIT DER SPRACHE! WER WARS?
P. EVERS '95

REINHOLD WILL ZUM NORDPOL

WAS ER ALLES DAZU BRAUCHT:

SCHNEEBRILLE
(WEGEN
UNSCHÄRFE-
RELATION)

ANZIEHUNGS-
KRAFT

KARTE VOM
POTENTIAL-
GEBIRGE (MIT
AKTUELLEN
FELDLINIEN)

MAGNETFELL

GEEIGNETE
POLSCHUHE

LADUNG
(NICHT ZU VIEL,
NICHT ZU WENIG)

GESETZBUCH
(MAXWELLSCHE
AUSGABE)

SCHUTZ GEGEN
EINFRIERENDE
FREIHEITSGRADE

GERÄT ZUM
TUNNELN

P.EVER 95

AUFGRUND VON GITTERFEHLERN
SIND VIELE ATOM|S NICHT DORT,
WO SIE HINGEHÖREN.

NUR WENN GESTREUT WIRD, KRIEGEN DIE ATOMIS DIE KURVE.

DAS WUNDER DER EVOLUTION

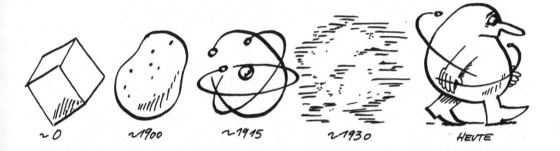

~0   ~1900   ~1915   ~1930   HEUTE

MIT HILFE IHRES SPEKTRUMS LASSEN SICH ATOMIS ZWEIFELSFREI IDENTIFIZIEREN.

LAUFEN MACHT ATOMIS
RELATIV SCHLANK

ATOMIS WISSEN, DASS DIE ROTVERSCHIEBUNG
MIT DER ENTFERNUNG ZUNIMMT.

IMMER WIEDER GIBT ES ATOMIS,
DIE DIE STOSSIONISATION FÜR SICH AUSNUTZEN.

IM PHOTOMULTIPLIER MÜSSEN ATOMIS
STÄNDIG KETTENBRIEFE SCHREIBEN.

BEI RICHTIGER STIMMUNG WERDEN
DIE ATOMIS KOLLEKTIV ANGEREGT.

MANCHE ATOMIS SIND SO AGGRESSIV,
DASS MAN SIE VON ANDEREN FERNHALTEN MUSS.

EIN GEPUMPTES ATOMI KANN
SPONTAN EMITTIEREN

ATOMIS SIND FROH, WENN SIE KAMERADEN HABEN,
DIE IHNEN HELFEN, DEN RÜCKSTOSS AUFZUFANGEN.

ATOMIS MÜSSEN IHRE FARBLADUNG
AUSGEWOGEN ZUSAMMENSTELLEN

BEUGUNG AM SPALT

FRANCE 98
COUPE DU MONDE

FÜR FUSSBALL-ATOMIS
INTERESSIERT SICH DIE GANZE WELT.

EIN ATOMI KANN SEINE ENERGIE NUR DANN LOSWERDEN, WENN ES FREIE ZUSTÄNDE GIBT.

NACH IHREM ZERFALL
WERDEN ATOMIS ZUM ENDLAGER BEGLEITET.

AUCH WENN ATOMIS IM ENDLAGER RUHEN,
KANN MAN NICHT SICHER SEIN, DASS SIE NICHT
IRGENDWANN WIEDER AUFTAUCHEN.

WENN ES KALT WIRD
RÜCKEN DIE ATOMIS GANZ DICHT ZUSAMMEN.

MIT DEM CONFINEMENT WIRD DURCHGESETZT,
DASS DIE ATOMIS NICHT VÖLLIG BLAU HERUMHÄNGEN.

BEI KOLLEKTIVER ANREGUNG GERATEN
DIE ATOMIS GLEICHZEITIG IN EINEN GANZ
ANDEREN ZUSTAND.

ERST DURCH TEILCHENAUSTAUSCH
KOMMT ES ZUM RICHTIGEN
ZUSAMMENHALT ZWISCHEN DEN ATOMIS

SEIT DER EINFÜHRUNG IM HOTEL STERN-GERLACH IST ES IN JEDEM GUTEN HAUSE ÜBLICH, AUF DIE UNTERSCHIEDLICHEN BEDÜRFNISSE IHRER BESUCHER RÜCKSICHT ZU NEHMEN

GANZ SO ANGENEHM IST
DEN ATOMIS DIE
STIMULIERTE EMISSION NICHT.

SYMMETRIEBRECHUNG WAR SCHON
IMMER INTERESSANT.

NEUE ATOMIS ENTSTEHEN DANN, WENN ZWEI ATOMIS
MIT WUCHT AUFEINANDER STOSSEN.

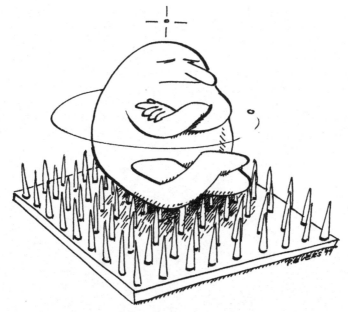

FÜR ERWIN WAR DAS
RASTER TUNNEL ELEKTRONENMIKROSKOP
ERST NACH LANGER ÜBUNG AUSZUHALTEN

AUS DEN SPUREN MUSS MÜHSAM REKONSTRUIERT WERDEN,
WAS TATSÄCHLICH PASSIERT IST.

NUR SELTEN GELINGT ES EINEM ATOMI,
EIN NEUTRINO EINZUFANGEN.

DER MAXWELLSCHE DÄMON IST UNTER DEN ATOMIS
ZIEMLICH UNBELIEBT.

FRÜHER ODER SPÄTER VERSCHWINDET ALLES
IN EINEM SCHWARZEN LOCH

WENN ES HEISS WIRD
LASSEN DIE ATOMIS ALLE HÜLLEN FALLEN.

WEIT WEG VON UNS HABEN DIE ATOMIS
EINEN RÖTLICHEREN TEINT

IN FREIER NATUR FINDET DIE KERNFUSION
GANZ VON SELBST STATT; NUR IN GEFANGENSCHAFT
GIBT ES DABEI GROSSE PROBLEME

ATOMIS VERSAMMELN SICH VORNEHMLICH
AN EINER KÜHLEN GRENZFLÄCHE

DAS BOHRSCHE ATOMIMODELL WAR INSPIRATION VIELER BEDEUTENDER KÜNSTLER.

ES IST SCHON MANCHES ATOMI EXPLODIERT
NACHDEM ES MIT NEUTRONEN BEWORFEN WURDE

FÜR ATOMIS IST ES MANCHMAL ABSTOSSEND,
WENN SICH IHRE HÜLLEN ÜBERLAPPEN.

ATOMIS SIND AUCH IN DICHTEN KUGELPACKUNGEN ERHÄLTLICH.

FÜR ATOMIS IST ES WICHTIG,
DIE STRUKTUR DER EINZELNEN BANDEN
GENAU ZU KENNEN.

ATOMIS HATTEN AUCH
SCHON VOR BSE
KEIN GEDÄCHTNIS

ATOMIS MIT EINGESCHRÄNKTEN
FREIHEITSGRADEN SIND SCHNELL
HEISS GEMACHT.

PETER EVERS 01

WENN EIN ATOMI BREMST,
MACHT SICH DAS DURCH LEUCHTEN BEMERKBAR.

BEI DEN ATOMI-WETTKÄMPFEN
ENTSCHEIDET NICHT NUR DIE ENERGIE,
SONDERN AUCH DAS STATISTISCHE GEWICHT.

WENN DIE KAPELLE
DEN RICHTIGEN RHYTHMUS SPIELT,
BEGINNEN ALLE ATOMIS
SICH IM TAKT ZU DREHEN.

JE FLACHER EIN POTENTIALTOPF IST,
DESTO LEICHTER KANN EIN TEILCHEN
DARAUS BEFREIT WERDEN.

DER KERN EINES ATOMIS VERBIRGT SICH
HINTER MEHREREN SCHALEN

IM BOSE-EINSTEIN-KONDENSAT
GERATEN SCHLIESSLICH ALLE ATOMIS
IN DAS SELBE SCHLAMMASSEL

OFT KANN EIN ATOM EINFACH
DURCH EIN ANDERES ERSETZT WERDEN